CPSIA information can be obtained
at www.ICGtesting.com
Printed in the USA
LVHW051646200121
676967LV00010B/650

9 781851 638482